KB254147

미안, 알버트

미안, 알버트

초판 1쇄 인쇄일 _ 2007년 12월 3일
초판 1쇄 발행일 _ 2007년 12월 10일

지은이 _ 이현천
펴낸이 _ 최길주

펴낸곳 _ 도서출판 BG북갤러리
등록일자 _ 2003년 11월 5일(제318-2003-00130호)
주소 _ 서울시 영등포구 여의도동 14-5 아크로폴리스 406호
전화 _ 02)761-7005(代) ㅣ 팩스 _ 02)761-7995
홈페이지 _ http://www.bookgallery.co.kr
E-mail _ cgjpower@yahoo.co.kr

값 8,000원

* 저자와 협의에 의해 인지는 생략합니다.
* 잘못된 책은 바꾸어 드립니다.

ISBN 978-89-91177-52-9 03420

미안, 알버트
Sorry, Albert

❋ 광속을 넘어서

이현천 지음

BG 북갤러리

이 책은 아이작 뉴턴(Sir Isaac Newton)과 알버트 아인슈타인 (Albert Einstein)의 이론을 배경으로 글을 전개한다. 또한 아인슈타인의 상대론을 분석하고 파헤쳐 본다. 아인슈타인을 우러러 보는 많은 독자들께 죄송하다. 하지만 진실은 밝혀져야 한다. 이 책을 읽는 독자 여러분은 한 발짝 더 나아간 새로운 세계를 열어주길 바란다. 필자의 편견이 들어가고 이론이 미천할 수 있겠으나 필자가 말하려는 숲을 보는 것은 독자들의 몫이다.

책의 초반은 필자의 유년 시절을 소설형식으로 엮었고 내용 사이사이에 약간의 시를 첨부하였다. 책의 중반은 아인슈타인의 일반상대성이론에서 발표한 별빛의 휘임각 계산의 오류와 그 근간이 되는 마이클슨-몰리(Michelson-Morly) 실험의 재검토를 통해 에테르의 존재 여부를 재정립한다. 책의 후반부에 들어가면 고전 역학으로 별빛의 휘임각을 계산하고 목성과 달 주위를 통과하는 별빛의 휘임각을 보여준다. 또한 아인슈타인의 특수상대성이론의 재검토와 광속의 절대성을 해체하고 새로운 제안을 하며 마무리한다.

고등학교 때 우주에 눈을 뜨게 해준 《코스모스》의 저자 칼 세이건(Carl Sagan)과 역자들께, 그리고 《일반상대론의 물리적 기초》의 저자와 역자에게도 깊이 감사드린다.

2007년 11월

이현천

나를 아는 사람에게

어떻게 살아야 하니

그건 내겐 너무 어려워

저기 공동묘지 앞에서 물어보렴

그럼 넌 무엇을 추구하니

나도 그것 때문에 고민인데

저기 주정뱅이한테 물어보기로 했어.

닭서리

겨울바람에 시달려 생기를 잃어버린 두 개의 참새그물이 과수원 모퉁이에 은밀하게 몸을 지탱하고 있다.

족히 십년은 살았을만한 탱자나무를 앞세우고 가시나무 사이사이에 동네 아이들이 쪼그려 앉아 참새그물만 노려보고 있다. 집에서 멀리 원정 나온 동네 아이들이 처음 한 시간은 들뜬 마음으로 참새그물을 뚫어져라 바라보았다. 하지만 집중력은 오간데 없고 쪼그려 앉은 다리에 쥐가 날 때쯤 아이들은 꾀가 나기 시작했다. 참새 대신 닭이라. 동네 아이들은 마늘밭에 깔아놓은 왕겨 사이를 헤집으며 열심히 모이를 찾고 있는 토종닭에 시선이 머무른지 오래다. 아이들의 눈빛은 반짝반짝 생기가 돌기 시작했고 서로를 응시하며 미소를 머금고 있었다. 이내 겨울 햇살이 아름다운 이별을 고하며 지평선 사이로 다이빙하고 있다. 그때 닭에 정신이 팔려 참새는 생각지도 않고 있는 동네 아이들만큼 미련한 참새 한마리가 축 늘어진 그물에 뒤엉켜 퍼덕이고 있었다.

아이들은 볏짚을 모아 불을 피웠다. 눈에 젖어 마른지 얼마 되지 않은 볏짚은 거무죽죽한 연기를 피웠고 아이들 가랑이 사이를 휘감고 눅눅하게 타들어갔다.

참새 잡는데 그중 제일 나은 덕수가 통통하게 물이 오른 참새 깃털을 홀랑 벗겨놓았다. 불이 확 올랐다 꺼져가는 새빨간 불 무덤을 골라 덕수는 알몸의 참새를 던져 넣고 막대로 이리저리 굴렸다. 욕심 없는 동네 아이들은 참새가 자기 입까지 배달될 거란 일상적인 생각을 포기한지 오래다. 나누어먹는 맛을 아는 덕수는 새까맣게 그으른 작은 참새를 아이들에게 크게 보이도록 마술처럼 육 등분을 했다. 그리고 누구라 할 것 없이 가위, 바위, 보를 했고, 재수 없는 참새는 각자의 입속으로 사라져 아이들이 되었다. 그리고 그것은 잠시 후 웃음소리로 변했다.

아이들은 조금의 추위를 느낀다. 어둠은 야금야금 하얗고 커다란 하늘을 갉아먹으며 스며들고 있다. 서쪽 하늘엔 초승달이 아이들의 속마음을 아는 것처럼 엷은 미소로 다가와 있었다. 아이들은 달나라에 인간의 발자국이 남아있다는 사실을 어렴풋이 알고 있다. 초승달은 인간의 유전자 속에서 공유하고 함께 지낸 제2의 어머니다.

논 사이 고랑 배수로에 옹기종기 앉아 아이들은 작전회의를 한다. 여섯 명 중에 두 명이 정예대원이 되었다. 정예대원이란 닭서리조이다. 나머지는 멀리에서 굿보고 떡 먹는 지원조이다. 먼저 광민은 이쁘게 생긴 돼지우리 안으로 침투했다. 다행히도 돼지는 없었다. 돼지 파동 때문에 돼지 값이 똥값이 되어 처분했기 때문이다. 얼마 전 정부에서 축사를 짓는데 필요한 돈을 대주니 뭐니 하면서 온 나라 농민들을 들썩들썩 해 놓더니, 쇠파리처럼 단물만 빨아먹은 농민을 그대로 빚더미에 올려놓고 말았다. 이러한 장려 정책은 정권이 바뀔 때마다 계속 이어졌다. 사료로 한참 사탕발림을 해놓고 사료에 익숙해 들풀과 밀기울로 돼지를 못 키울 때쯤 사료 값은 기다렸다는 듯이 뛰어 올랐다.

하여튼 광민과 덕수는 잠입에 성공했고 토종닭을 찾기 시작했다.

초승달이라 주위는 거의 안 보이는 상태다. 그때 과수원집 개가 짖기 시작했다. 주인어른이 플래시를 비추면서 나타났다가 마당을 한 바퀴 휙 돌아보고는 멀리 사라졌다.

"야! 어디 갔냐?"

"몰러! 안보여."

광민은 한참을 살핀 후에야 토종닭을 찾았다. 짧은 시간이지만 멍하니 아름다운 광경에 넋을 잃고 바라보고 있었다. 덕수가 옆 돼지우리를 넘어와 광민 옆에 앉아 근사하다고 연발 말을 이었다. 그 형상은 하나의 그림이자 신비한 동물의 세계였다. 족히 열 마리는 넘어 보이는 닭이 큰 배나무가지 사이사이에 탐스럽게 열려 있었다. 닭은 새와 마찬가지로 취침시 나무에 몸을 숨기거나 높이 올라가 주위 짐승의 습격을 피하고 있는 것이었다.

덕수와 광민은 과수원의 배나무를 잘 안다. 배나무의 수령에 따라 배가 열리는 위치며 맛, 배나무 종류에 따라 멀리서 봐도 입에 침이 나올 배인지 아닌지를…. 둘은 큰 배 두 개를 따가야 했다. 덕수가 먼저 돼지우리를 넘어갔고 광민이 뒤이어 넘어갔다. 그런데 광민은 빈 우리라 덜렁덜렁 엉성하게 막아놓은 문 사이로 꽈놓은 철사에

바지가 걸려 앞으로 고꾸라지고 말았다. 그렇지 않아도 무언가에 불만이 차있던 개들이 그 소리를 놓치지 않았다. 다행히 초승달은 겨우 형체를 알아 볼 정도의 빛만 발하고 있었다. 초승달은 우리 편이 된지 오래였다. 닭들은 뭔가 불안한 듯 꼼지락거리지만 감히 움직이지는 못하고 있다. 둘은 엉겁결에 배나무 밑에 섰다. 그들은 그중 탐스럽게 익은 각자의 배를 따서 가슴에 한아름 안았다. 꿈실꿈실 발로 차는 힘이 느껴졌다. 그리고 뛰었다. 삼십육계다. 개는 악착같이 짖기 시작했다.

“야! 안 따라 오지?”

한 5분쯤 뛰었을까. 광민이 덕수에게 이미 확인했으면서도 재차 기쁨과 두려움의 되뇜을 하고 있다. 닭 모가지를 비틀었다. 새벽은 오지 않고 멀리서 손 흔들면서 네 명의 아이들이 오고 있었다. 닭똥 냄새가 진동을 했고 광민은 그제서야 자기 바지에 닭똥이, 그것도 묽은 것이 흩뿌려져 있는 사실을 알았다. 닭에게는 처음이자 마지막의 놀라움이었으리….

수탉과 암탉 각 한 마리. 이걸 어떻게 할까. 한 겨울에 닭털을 뽑자고 더운물을 데우자니 그렇고, 이 한밤에 어디서 닭 요리를 한단 말인가. 고추장과 된장에 익숙한 우리가 요리라는 말은 사실 거창하다. 익숙한 단어가 아니라 이상하기도 하지만 달팽이 몇 개가 접시 위에 덩그렇게 올라와 있는 것이 연상된다. 아마도 내용물에 상관없이 접시는 요리의 상징일 것이다.

광민은 초등학교 때까지 집에서 양계장을 해서 시장판에 도계장하는 집을 알고 있었다. 시골장이라 따로 닭튀김 가게가 있지 않았다. 도계장 한 구석에 기름을 끓여 천원 받고 먹음직한 튀김 닭을 만들어준다. 한참 먹을 나이의 아이들에겐 환상 자체다. 닭 한 마리 값이 칠백 원이니 별로 어렵지 않은 노고치고는 싸지 않은 가격이었다. 그렇게 그들은 주섬주섬 세월을 먹고 자라갔다. 수탉은 장닭이라서 고기 질기기가 장난이 아니다. 특히 목 부위는 고무줄을 씹는 느낌인데 한참을 씹다 보면 닭 맛은 간데없고, 목 부위와 한 몸이 되어 흘린 침과의 몸부림만 남아있었다. 그렇게 웃음은 닭으로, 자연으로 서로서로를 잡아먹었다가 간신히 동네 어른들이 걱정할 때쯤 사람으로 되돌아왔다.

지친 하루

새 빨간 물감

뒤집어쓰고

하루를 시작했다

바람도 잠든

새벽

우주를 상대했다

한낮의 빛줄기와

저녁노을은

나를 만들어 주는

뱀 같은 친구였다.

재미있는 장난 

중학교는 재미있는 조직이다. 학생을 '나라의 꿈나무'라고 말하는 선생님을 비웃기라도 하듯 이 조직은 넘버 투 또는 넘버 쓰리를 숭배한다. 학교는 나이가 먹다 보면 싫어도 가야 하는 시간의 흐름 속의 일부분이다. 영웅과 영웅을 갈구하는 아이는 어디든 존재한다. 그들은 독재를 꿈꾼다. 용기와 의협심이 많은 이상향의 세계도 아니고 그저 자기 앞에서 굽실거리기를 바라는 '똥개'의 몸부림 같은 것 말이다. 현실은 점들을 선으로 만들기도 하고, 선을 점으로 되돌려 놓기도 한다. 정답은 한 구성원이나 조직이 만드는 규칙이니 어떤 때는 굴절되어 많이 이기적이다. 하지만 자연현상으로 가장한 시간은 어떤 때는 사랑스럽고 또 어떤 때는 매몰차다. 시간은 우리에게 연역적인 해답을 부여해준다. 우리가 까먹을 때쯤 시간은 해답들을 하나하나씩 끄집어낸다.

"얌마, 이리와 봐!"

"나?"

"이게 디질려고."

선백은 스스로 생각하기에 재수 엄청 없는 범길에게 온힘을 다해 어퍼컷을 쌩하니 날리고 있다. 이 사건은 그림 같은 싸움이기 이전에 혁명이고 혼란의 발단이었다. 범길은 유연하게 선백의 주먹을 피했다. 단련된 태권도 솜씨로 선백은 연이어 발 지르기를 했다. 하지만 비쩍 마른, 깡다구 있어 보이는 범길은 통쾌하게 잘도 피했다. 범길도 한방 날렸는데 선백 근처에 도달하더니 제자리로 왔다. 그런 폼을 몇 번 잡는 사이 음악시간이 시작되었고, 그렇게 어물쩍하게 싸움은 마무리가 되었다.

음악선생님도 한 폼 한다. 노래할 때 입만 쩍쩍 벌려 잘 부르는 척하면서 실생활은 자식 같은 학생(아님 삶의 도구였을까?)을 무시하는 것이 다반사였다. 아들이 어떤 대학 다니는데 너희들은 발끝도 못 쫓아온다는 둥, 머리가 나쁘면 노력이라도 하라는 둥….

얼마 전에 범길은 강원도에서 전학 온 아이였다. 강원도라 해서 '깡촌' 아이 같지만 딱히 그렇지도 않았다. 아버지를 닮아서 피부가 새까맣고 뼈는 통뼈였다. 아버지가 군부대에 근무하는데 탄약고로 발령 나 이사 왔다고 했다. 그 광경을 보고 있노라니 모두들 속 시원하고 기분 아주 굿이었다. 하지만 '삼일천하'로 끝날 봉기가 아닌가? 후안을 생각하니 두려움이 앞섰다. 선백의 독재시절이 눈앞을 스쳐 지나갔다. 전교 학생 중 매점에서 돈질 좀 하거나 공부한다고 선백이 스스로 평가하는 아이를 제외하고는 최소 한 대씩 주먹 또는 막대로 맞지 않은 아이가 없었다.

"야, 너 뭐했냐?"

"권투! 집에 샌드백 있는데 가끔 때려."

담임선생님은 학생들에게 학기 초 등교하는 순서대로 골라 앉도록 권장하고 있다. 범길이 전학 온 첫날 광민 옆으로 앉았다. 광민은 범길과 한두 마디는 나눈 사이였다. 그런데 그렇게 셀 줄이야. 범길은 광민과 한번 말다툼을 한 적이 있고 싸울 뻔도 했었다. 광민은 그

때 범길과 안 싸운 것을 선백과의 사건 이후 천만다행이라고 생각했다. 2학년 전교의 서열은 그날 이후 이상하게 얽혀버렸다. 선백은 바지를 벌러덩 내려 물건을 자랑하는 일도, 폼 나지 않는 중국 무술 자랑도 이젠 하지 않았다.

이놈은 괴짜였다. 공부는 중상 정도였고, 운동은 꽤 잘했다. 그리고 한 가지 더 잘하는 것이 있었다. 군부대에서 근무하시는 아버지 영향 때문인지 화약 만지는 것에 특별난 관심과 실습을 한 경험이 있는 괴짜였다. 범길의 동네는 한때 미군 부대가 주둔했던 곳인데, 그 동네 사는 아이들은 유난히도 '발랑 까져서(좋은 말로 하면 조숙해서)' 반에서 10등 안에 드는 애가 가뭄에 콩 나듯 하였다. 공부를 중상 정도 하고 운동도 잘하는 범길은 그 동네에서 잘나가는 엘리트 축에 속한다.

"어제 미사일 쐈다."

"어떻게 만들었는데?"

"우산대를 잘라서 산뜻하게 구부린 다음 단단하게 막은 후에…."

광민은 비실대며 조소하듯 말한다.

"야! 씨, 그게 무슨 미사일이냐? 테레비도 못 봤냐?"

"가만 있어봐 인마. 그건 커서 하는 거고 지금은 쩐이 없지 않냐. 원리만 잘 들어 안들을려면 말고…. 나의 연구를 통해 취득한 것이니 말이다."

"그래 계속해봐."

"짜식이! 만든 우산대를 세워놓고 화약을 넣어 전체의 삼분의 일 정도쯤, 그런 다음 촛농을 떨어뜨려서 살짝 막아 세우면 떨어지지 않을 정도로 거기에 성냥골을 넣고…."

"정말이지?"

광민은 범길을 통해 어렴풋이 하늘거리는 신기루를 보았고, 그의 인생에 계획에 없었던 과학의 손짓이었다. 광민은 중학교 이후에 범길의 소식을 못 들었다. 그날 이후 광민은 심부름해서 받은 용돈으로 화약이며 성냥 등을 사 날랐다. 웬만큼 재료가 모아졌을 때쯤 광민은 학교 갔다 오면 연구실로 쓰이는 광에서 나오질 않았다. 그리고 한 열흘이 지났을까 미사일 2기가 탄생했다. 하나는 발사대가 있어야 발사할 수 있는 것인데, 이름을 '승천' 이라 지었다. 다른 하나는 '미래' 인데 철사를 미사일 통에 꽂아서 발사하는 것이었다. 각각의 제원은 틀렸다. 승천은 순수 미사일의 모습을 보기 위한 것이었고, 미래는 위엄 있게 날아가는 모습을 보기 위한 것이었다. 범길이 가르쳐준 방법과 들어가는 순서와 용량을 조금씩 달리 하면서 독특한 2기의 미사일을 만들었다.

이젠 발사를 위한 장소와 시기를 정하는 어려움이 남았다. 광민의 동네는 시골이래도 읍내 주위여서 동네가 잘 형성되어 있었다. 걸어서 십분 안에 갈 수 있는 초등학교와 장날에 소를 거래하는 소전까지 있었다. 장소와 시간이 적절히 배합되어 잘 녹아난 아무도 모르는 거사, 그건 쉽지 않은 일이었다. 그렇게 고민의 시간은 일주일을 허비했고 그리고 얼마 후 디데이. 광민은 새벽을 기다렸다. 좀처럼 잠이 오질 않았다. 아버지가 깨시기 전에 몰래 집을 빠져나온 광민은 소전 넓은 공터에서 발사대와 점화 방법을 점검하고 있었다.

"잘해라. 승천!"

광민은 작은 목소리로 짧게 중얼거리면서 승천에 점화했다. 그건 장엄했다. 승천은 심지가 타들어 가더니 본체에 불이 확 점화되었다. 발사대를 업고 날아오르려고 푸덕푸덕 거리다 한 1미터 정도 올라갔다가 힘을 잃고 떨어졌다. 거기서 엎어진 채로 불을 내뿜었지만 광민은 다가가질 못했다. 하늘까지 승천하라고 마지막 점화되는 끝

부분에 힘 있는 화약을 넣었기 때문이었다. 마지막 화약에 불이 붙는다면 생각만 해도 아찔했다. 하늘에서 허공을 향해 힘을 받는다면 모를까 지상에서는 곧 폭발이기 때문이다. 나무 사이로 빠끔하니 보고 있던 광민은 거의 일분이 지난 후에야 비로소 살금살금 승천 쪽으로 다가갔다. 다행인지 몰라도 마지막 장약에 불이 붙질 않았다. 그건 숨을 거둔 모습이었다. 살려고 버둥거리다 누워있는 모습. 하지만 그 정도로 만족한 광민은 미래에게 힘을 불어넣었다.

"타임머신(광민은 나중에 타임머신을 허무한 것이라 생각한다)을 타고 미래로 가거라!"

승천과 제원이 다른 미래는 발사 방법 또한 달랐다. 긴 심지가 필요한데 그건 처음 불이 붙는 장약에 화약을 넣었기 때문이었다. 이내 광민은 조금은 떨리는 손으로 심지에 성냥불을 붙였다. 그리고 뒤도 안보고 잽싸게 나무 사이로 몸을 숨겼다.

잠시 후 동이 채 트지도 않은 새벽에 동네 어른들은 초가을 새 쫓는 총소리가 아닌 또 다른 굉음에 잠을 깰 수밖에 없었다. 광민은 놀란 가슴을 잡고 숨죽여 하늘을 지켜보고 있었다. 초기에 힘을 받고 한참을 날아간 미래는 처음엔 보이질 않았다. 하지만 아직 완연하게

동이 트지 않은 시각이라 광민은 흐릿하게 반짝이는 불꽃을 볼 수 있었다. 어렴풋이 두 번째 불을 붙이고 날아가는 미래의 모습을 광민은 보았다. 그건 바로 미래였다.

"누구냐!"

짧지만 조금은 겁먹은 아줌마의 목소리가 소전 귀퉁이에서 크게 들렸다. 광민은 어른 키 반만큼 쌓아올린 거름 뒤로 일단 몸을 숨겼다. 아줌마가 보이지 않을 때쯤 집으로 뛰기 시작했다. 뛰면서 그간의 노고는 바람결 사이로 아름다운 향기가 되었다.

평온

넘치는 탕 속에

시간이 녹아 있었다

한번

휘저어 본다

시간은

나태 속에서

힐끗 쳐다 볼 뿐이다

도약의 문턱에 고꾸라져

간간이 뛰어오는 선각자를

옆자리로 인도한다

다시

휘저어본다

소용돌이 속에서

허우적이는

자신이 보인다.

인삼밭

인삼은 까다로운 식물이다. 인삼을 키우기 위해선 지력이 있어야한다. 매년 농사를 짓던 밭은 한 2년은 놀려야 그 이듬해에 비로소 어린 인삼을 심을 수 있다. 그렇다고 아무 밭이나 다 심어 먹는 것은 아니다. 적당히 바람이 통하고 겨울에 너무 춥지도, 여름에 너무 습하지도 않은 토질의 밭 자락이어야 한다. 광민의 아버지는 인삼을 많이 심는다 하여 붙여진 '인삼김씨'가 부러움의 대상이고 언젠가 넘어야 할 경쟁 상대였다.

인삼김씨는 들녘에 아담한 이층집을 그림같이 짓고 나름대로 멋지게 사는 것처럼 보였다. 집 앞에 여기 저기 보이는 자기네 밭을 5

년에 한번씩 3년생 인삼을 돌려가면서 심어 먹는데 몇 년 전부터는 아들 둘에게 밭떼기를 분산시켰다. 인삼김씨는 시골에서 특용작물로 약간의 풍요로운 생활을 하고 있다.

인삼이란 참 까다로운 식물이다. 광민이 아버지의 인삼농사는 결론적으로 말하자면 번전(反田)으로 끝난 유쾌하지 않은 농사였다. 광민이 아버지는 3년생 인삼을 만들기 위해 애지중지하며 광민이 생각하기에도 자식농사를 저 정도로 공을 들이시길 할 정도였다.

3년이 되는 해 원두막을 짓고 겨울 땅이 풀릴 때쯤부터 야간 경계를 해온 인삼. 그런데 광민이 생각하기에도 설레는 인삼이 어느 날 밤 새벽 깜박 잠드신 1시간 사이에 도둑이 들어왔다. 천 평이나 되는 인삼을 도둑들이 잘된 곳 삼분의 일과 밭 전체를 쑥대밭으로 만들어 놓았다. 그것은 광민이 어머니를 화병으로 눕게 했고, 겨우 화병이 나을 때쯤 인삼은 생각한 돈의 삼분의 일도 안 되는 보상으로 아버지의 손에 쥐어져 있었다.

농촌에서 인삼의 모종은 기쁨이고 미래를 밝게 만들어 줄 부의 상징이었다. 동네 아낙네들의 깔깔거림 그리고 화답이라도 하듯 아저씨들의 농담과 힘센 검은 팔뚝의 기웃거림이 있었고, 말 막걸리가 있었다. 인삼의 출발은 행복이다.

"광민이 엄마, 괜찮아요?"

"광민이 아버지는 돈복 없나 봐요."

동네 아줌마 중 항상 광민이 엄마보고 착한이, 착한이 하는 상형이 엄마가 안 되었다는 표정으로 옥수수 몇 개를 들고 마실을 와서 하는 말이다.

광민은 일 더하기 일은 이가 되지 않을 수 있다는 세상의 삶을 배워가고 있었다.

나 그리고 새앙쥐와 달

소근 소근

둘만의 대화는

무르익어 갔지요

못된 밤의 새앙쥐가

부침개만한 달을

오물오물 먹는 것도 모른 채

고상한 척하는 달

파르스름 떨림은

나를 더욱 위태하게 만들고

얼마 안 있어

혼자된다는

마음의 준비도 못한 채

달은 기어이

새앙쥐로, 어둠으로 변해버렸죠.

세콰이어 나무

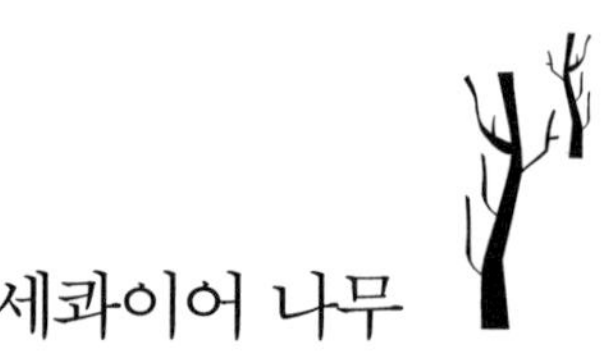

"백 미터나 된데."

"무지하게 크구나."

광민은 완규의 말에 감탄사를 연발했다.

"그런데 증산작용하고 응집력으론 그 나무를 설명할 수는 없데."

"그게 무슨 말인데?"

"나무가 물을 빨아들여 수분을 공급받기 위해선 두 힘으로는 몇 십 미터 이상 되는 나무줄기까지는 갈 수 없데."

"그래도 현대과학이 그것 하나 모르겠냐? 달나라까지 가는 세상 인데."

"아냐, 그 원리를 설명하면 노벨상까지 준다더라…."

"진짜?"

그날 광민은 평소 생각했던, 그렇지만 막연하게만 느껴졌던 과학적 아이디어가 자연현상에서도 일어나고 있다는 닮은꼴을 발견했다. 그 세콰이어 나무는 분명 해결의 실마리를 줄 것이란 자신감과 과학에 대한 도전, 열정이 광민의 가슴에 모락모락 솟아오르고 있었다.

중력…. 만유인력…. 그리고 '미래소년 코난' 에서 라라의 할아버지가 타고 다녔던 슈잉~핑 나는 비행물체.

인력과 척력을 물체에서 우리가 확실히 볼 수 있는 것이라곤 자석뿐이다. 하지만 그게 전부다. 중력, 전자기력, 강력, 약력. 그중 자석은 전자기력 속에 포함되는 자기력이다.

중력이라…. 우리가 서있을 수 있고 걸을 수 있는 건 중력 덕분이다. 자기력은 다른 극끼리는 인력, 같은 극끼리는 척력이 동시에 존재하는 신비스럽고 재미있는 우리 눈으로 일상에서 확인할 수 있는 거의 유일한 힘이다. 이런 전자기력을 우리 과학자들은 가만히 놔두질 않았다. 그중 대표적인 것이 모터다.

그런데 중력은 인력밖에 없다. 뉴턴은 사과나무 아래서 사과가 떨어지는 것을 보고 만유인력을 구상했고 과학적 이론으로 만들었다. 그런데 우리는 일상에서 언제나 인력의 반대 방향으로 움직일 수 있는 힘 즉, 척력을 만들 수 있다. 그건 에너지이다.

세콰이어 나무속의 물은 에너지를 이용한 분자간의 척력을 통해 위로의 이동을 꾀하지 않았을까(이기적인 가상). 광민은 이런 생각이 문득 스치고 지나갔다. 그렇지 않아도 자연현상과 과학에 호기심이 많던 그에게 어렴풋하게 인생의 미끼를 본 것이다. 그게 진정 미끼에 불과하다는 것을 그리고 풍요로운 삶을 꾀하는 것을 거부해야 한다는 것을 그는 몰랐다. 광민은 그때 나이 열아홉이었다.

아인슈타인이 바라본 휘인 별빛

알버트 아인슈타인을 천재과학자라 부른다. 특수상대성이론(시간과 공간개념을 많이 기술함, 1905년 발표)과 일반상대성이론(중력장과 등가원리, 에너지관련 이론을 많이 기술함, 1915년 발표)은 우리가 그전까지 바라보던 과학, 특히 공간과 시간개념을 완전히 뒤엎는 하나의 사건이자 아리송한 충격이었다. 그 아리송함은 20세기 과학세계 전체를 추론과 맹목적 접근 그리고 감동으로 휘감았고 이론을 증명하기 위한 실험과 토론의 장이었다고 할 수 있다. 21세기에 이 이야기를 쓰는 이유는 필자도 20세기에 그 아리송한 그룹 중에 한 부류였지만, 스스로 탈퇴했기 때문이다.

앞으로 전개할 내용은 외국 학회지 등에 제출했었으나 거대한 상대성이론의 장벽에 막혀 제대로 펼치지 못했기에 좀 늦은 감은 있지만 아래와 같은 이야기 형식으로 풀어간다. 순수과학은 아무리 응용과학이 눈부신 발전단계에 와 있다고 해도 그 바탕이 되어야 하기에 구태의연한 내용일지 몰라도 용기를 내어 글을 엮어간다.

일반상대론의 중력장방정식에서 아인슈타인이 제시한 태양을 스쳐지나오는 별빛의 휘임각 계산식[1]은

$$\theta = \frac{4GM}{Rc^2}(Radian) \tag{1}$$

R은 태양 중심에서 근지점 거리를 의미한다. $G(6.67 \times 10^{-11}\text{N} \cdot \text{m}^2/\text{kg}^2)$와 $M(1.99 \times 10^{30}\text{kg})$은 각각 중력상수와 태양의 질량을 말하고 c는 광속(3×10^8m/s)이다. **식 (1)**을 통해 지구에서 일식 때 태양의 중력장으로 인해 별빛의 휘임 현상을 말할 수 있는 아인슈타인의 이론적 휘임각(θ)은 $1.73''$(Second[2])였다. 이 값은 R이 대략 7×

---

1) D.W. Sciama, The Physical Foundation of General Relativity, Chap.7, (1969)
2) °(degree), 1°/60 = 1′(minute), 1′/60 = 1″(second)

10^8m일 때 가능하고, 이는 별빛이 태양 표면을 스쳐지나올 때의 거리다. 하지만 일식 때 관측된 휘임각의 근지점거리 r은 태양의 밝은 부분 때문에 대략 2R(1.4×10^9m) ~ 10R(7×10^9m)의 거리에서 별빛의 휘임각을 측정할 수 있었고, 그 관측치 θ는 대략 $1.61''$ ~ $2.73''$이었다. 관측거리 r(2R ~ 10R)을 통해 아인슈타인의 중력장방정식 **식 (1)**을 적용해 계산하면 θ는 $0.173''$ ~ $0.867''$이다. 이 값은 관측치($1.61''$ ~ $2.73''$)를 설명하기에는 부적절하다.

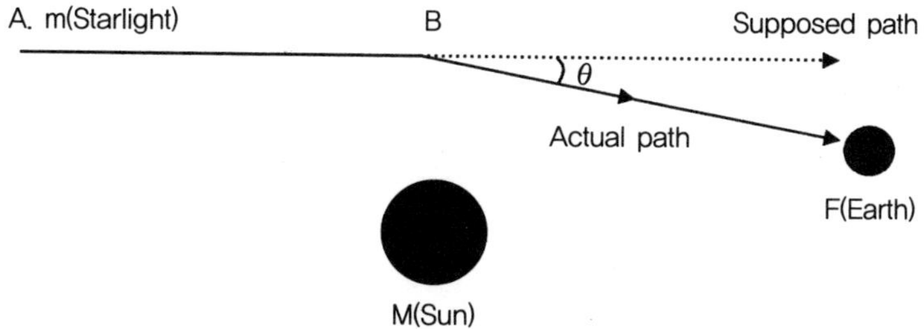

그림 1) A 지점에서 출발한 별빛 m은 B 지점을 통과하여 가상경로(Supposed path) 또는 실제경로(Actual path)를 이동하는데, 중력장 휘임(θ) 현상은 실제 경로를 경유하여 F 지점에 도달하게 한다.

관측소	관측일	별의 수	최소거리 (10^9m)	최대거리 (10^9m)	휘임각 $(\theta, '')$	오차 $('')$
Greenwich	1919.5.29	7	1.40	4.2	1.98	0.16
Greenwich	1919.5.29	5	1.40	4.2	1.61	0.40
A-Greenwich	1922.9.21	11～14	1.40	7.0	1.77	0.40
Victoria	1922.9.21	18	1.40	7.0	1.75	-
Rik1	1922.9.21	62～85	1.47	10.1	1.72	0.15
Rik2	1922.9.21	145	1.47	29.4	1.82	0.20
Potsdam1	1929.5.9	17～18	1.05	5.3	2.24	0.10
Potsdam2	1929.5.9	84～135	2.80	10.5	-	-
Stenbeg	1936.6.19	16～29	1.40	5.0	2.73	0.31
Sendai	1936.6.19	8	2.80	4.9	2.13	1.15
Yekis1	1947.5.20	51	2.31	7.1	2.01	0.27
Yekis2	1952.2.25	9～11	1.47	6.0	1.70	0.10

표 1) 일식 때 별빛의 휘임각을 관측한 결과치. 최소거리와 최대거리는 별빛이 태양 중심에서 가장 가까운 거리와 멀리 떨어져서 통과할 때의 거리. $\theta('')$는 그때 관측된 별빛의 휘임각[1]

무엇이 잘못된 것일까? 일반상대성이론이 법칙이 아닌 이론에 불과한 것일까? 물론 관측방법과 환경요인에 따라 여러 가지 방법상의 변수가 있을 수 있다. 그렇지만 그건 결과를 엮어 맞추기 위한 추론

일 뿐 관측치를 받쳐줄만한 증거가 될 수는 없다. 1887년 마이클슨-
몰리(Michelson - Morley)는 실험을 통해 우주 공간에는 에테르(파도
의 매질은 물(액체), 빛의 매질은 에테르라 생각함)가 존재하지 않고
빛은 매질이 없어도 전파될 수 있는 파동이라고 입증했다. 다음 장
에서는 광파와 그 매개체의 근간이 되는 마이클슨-몰리 실험을 의
심하고 연구해 보자.

해야 한다

해내야 한다

어떤 것

무엇이 목을 조일지라도

꼭 해야 한다

힘겨운 고통과 참담한 현실이

육체와 정신을 병들게 할지라도

해야 한다는 의지는

꺾이지 않아야 한다

지나간 것이

무엇이었을지라도

미래를 먹고 살아야 한다

결코

해를 등지는 나약함을

보여주지 않아야 한다

해야 한다

꿋꿋한 의지로

나의 정신을 갉아 먹어야 한다.

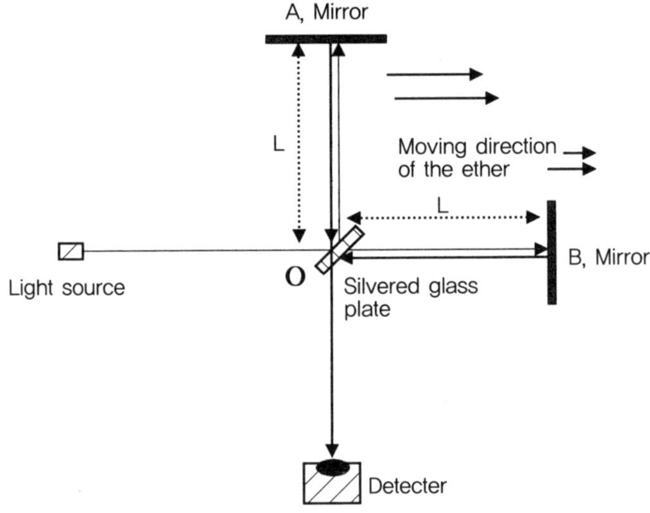

그림 2) 마이클슨–몰리 실험을 하기 위한 간섭계. 광원(Light source)에서 방출되어 반–반사거울(Silvered glass plate)을 통해 거울 A와 거울 B로 나뉘어져 왕복한 후 합쳐지는 두 빛을 관측재(Detector)는 위상차를 이용해 간섭 유무를 확인한다.

마이클슨-몰리 두 과학자는 사암판(Sandstone slab) 위에서 광원(Light source)을 방출하여 광선이 직각을 이루는 서로 다른 경로로 진행하다가 다시 합쳐질 수 있도록 한 장치를 만들어 실험했다. 실험 결과는 실험 장치가 어느 방향을 향하든 그리고 지구가 일년 중 어느 위치에 있든 두 광선의 전달 속도가 같았다고 한다. 또한 거리 L을 바꾸어 가면서 수차에 걸쳐 실험을 되풀이 했으나 간섭효과는 끝내 발견하지 못했다. 따라서 에테르라는 물질 같은 건 없고, 어떤 사람이 측정하든 빛의 속도는 똑같다는 것을 의미하는 것으로 결론지었다.

그림 2)에서 경로 O→A→O와 O→B→O를 왕복한 후 예상되는 두 빛의 시간차 공식[3]은 다음과 같다.

$$\Delta t \approx \frac{Lv^2}{c^3} \tag{2}$$

이 실험에서 에테르의 상대속도 v를 태양에 대한 지구의 공전속도($v \approx 3 \times 10^4 \text{m/s}$)로 설정했다. 그러나 절대정지계가 없는 우주에서

---

3) Pau A. Tipler, Modern Physics, p.6, (1978)

에테르에 대한 상대속도 v를 임의의 무엇으로 선택한다는 것은 위험한 발상일 수 있다. 팽창 우주 속에서 은하계가 회전하고 있고, 태양을 공전하는 지구가 은하계 중심부에 대해 약 200km/s로 공전하고 있다. 또한 은하계에 속해 있는 지구는 외부 은하에 대해 Hubble 상수 $v = Hr$의 속도로 상대적으로 팽창, 후퇴하고 있기 때문이다.

여기서 한 가지 가정을 한다.

에테르(암흑물질)는 무한하게 작은 질량을 갖고 있다.

위의 가정에 의하면, 에테르는 중력이 작용하는 행성 표면에 가까워질수록 밀도가 더욱 조밀하게 존재할 것이고, 행성 표면에서 에테르의 움직임은 행성 시스템 속에서 운동하는 대기의 이동 형태와 아주 약간 비슷할 것으로 생각할 수 있다. 마이클슨-몰리 실험은 지구 표면에서 시행됐으므로 에테르의 상대속도 v는 아주 작을 것이고 **식 (2)**로부터 시간차 t는 거의 없었을 것이다(실험실 환경이 대기의 흐름과 차단된 건물의 내부 또는 외부인가는 차후 문제다). 결국 에테르가 무한하게 작은 질량을 갖고 있다면 **그림 2)**와 같은 실험을 통해서는 간섭효과를 기대할 수 없다.

다음 장에서는 여러 가지 다른 시각으로 대기 중에서 빛의 경로를 말하고, 이를 통해 마이클슨-몰리 실험으로 가능한 위상차를 생각해 보자.

비가 토해낸 회상

하늘이 무너질 듯 흐느낀다

적막 █████

쏴~~~

가로등은

어린아이의 눈망울을 닮았다

아늑하다

빠끔 열어 논 창문 사이로

세월이 흐른다

장마철

물 부는 시냇가는

엄숙함과 기대가 공유했다

철없는 치리

미꾸라지의 재롱떠는 몸부림

언제나 작아 보였던 내 그물

모두

시간이 영원히 삼켜버린 추억들 이리

숲 속에 갇혀있다

변하지 않은 것은

마음 들뜨게 하는 빗소리뿐

얻기 위해

더 많은 것을 잃었을지도

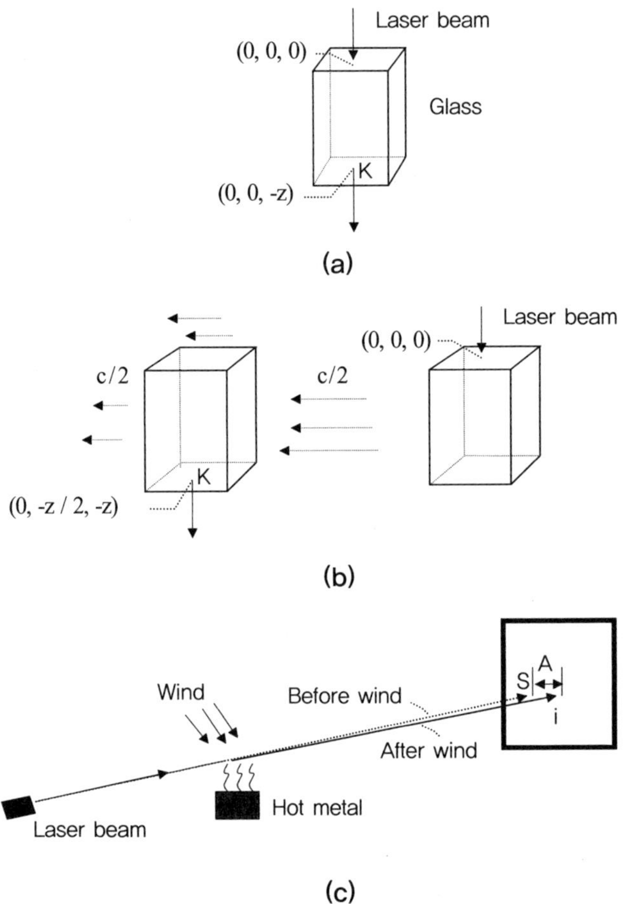

Laser beam
(0, 0, 0)
Glass
K
(0, 0, -z)
(a)
c / 2
c / 2
(0, 0, 0)
Laser beam
K
(0, -z / 2, -z)
(b)
Wind
Before wind
S
A
i
After wind
Laser beam
Hot metal
(c)

그림 3) (a) 고정된 직육면체의 유리에 레이저 빔이 좌표(0, 0, 0)에서 방사하여 K점 좌표(0, 0, −z)로 방출되고 있다.

(b) 직육면체의 유리가 속도 c/2로 −y 방향을 향해 움직일 때 레이저 빔은 좌표(0, 0, 0)에서 방사된다. 빔은 외부 환경의 영향을 받지 않는 유리 시스템 내에서 이동하므로 방출점은 K점 좌표(0, −z / 2, −z)일 것이다.

(c) 레이저 빔이 스크린의 점 s를 향해 방사되고 있다. 이때 가열된 금속을 빔의 경로 바로 하단에 놓고 바람을 불어넣으면 빔의 최종 도달 지점은 A만큼 이동한다.

그림 3) (a), (b)는 상대적 정지계인 대기에 대해 고정 또는 이동하는 유리의 시스템 속에서 전파되는 빔의 경로와 최종 도달 지점을 비교한 것이다. **그림 3) (a)**에서 대기와 유리의 두 기준계는 상대적으로 정지해 있으므로 최단 직선거리를 이동하는 빔은 좌표(0, 0, -z)에서 방출된다. 그러나 **그림 3) (b)**는 정지해 있는 대기에 대해 직육면체 유리는 -y축 방향으로 속도 c/2로 상대적으로 이동하고 있다. 유리 속과 대기의 기준계는 다르므로 점 K로 향한 유리 기준계

속의 초기 빔은 종착점인 점 K에 도달하겠지만 대기의 기준계 관점에서 빔은 좌표(0, -z / 2, -z)에서 방출된 결과가 된다. **그림 3) (c)**를 실험하는 공간은 가능하면 외부와 차단되어 공기의 유동이 없으면 적절하겠다. 이때 투사된 레이저 빔은 거의 일직선의 경로로 점 s에 도달된다. 경로의 변화를 주기 위해 가열된 금속을 빔의 경로 바로 밑에 밀착시키고 옆에서 바람을 불어넣어주면 점 s에 도달된 빔이 스크린의 점 i로 이동함을 볼 수 있다. 이것은 앞서 설명한 **그림 3) (a), (b)**의 기준계를 통한 빛의 경로의 이동과 동일한 원리이다. 가열된 금속 주위의 대기는 외부 대기와 다른 밀도와 분자운동을 하고 있으므로 유리 속과 같이 상대적으로 다른 계라 말할 수 있다. 그때 옆에서 바람을 불어넣으면 **그림 3) (b)**와 같이 빔이 밀도가 다른 바람이 부는 반대쪽으로 휘인 공간을 이동하다가 이탈할 때는 처음 입사될 때의 각도와 약간 다르게 방출되는 것이다. 실험결과(1995년 실시)는 전반적인 기기 설치나 측정에 있어 정확한 실험이 되도록 노력하였으나, 여건이 좋지 않아 분명 수치상 오차가 있을 것으로 생각된다. 개념 이해를 위한 것으로 이해해 주시길 바란다. 가열된 뜨거운 금속(Hot metal)에 빔이 통과하는 금속의 거리는 0.5cm이다. 금속과 스크린 사이의 거리는 10m, 금속 표면과 레이저 빔과의 사이 거리는 0.2cm, 풍속은 5 ~ 6m/s이다. 스크린에 도달된 레이저 빔이 이동된 거리 A는 0.5 ~ 2.0cm였다. 물론 뜨거운 금속 외에 빛의 전파 매개 시스템을 달리할 수 있는 어떤 것(촛불 등)도 가능할 것이다. **그림 3) (c)**의 실험은 한 매질에서 다른 매질로 진입할 때 발생되는 빛의 굴절현상으로 설명될 수 있고, 미비하게 작용했겠으나 **그림 3) (b)**를 입증하기 위한 연장선상의 실험이다. 또한 일상에서 접할 수 있는 굴절현상은 확대해석하면 빛의 매질이 있음을 인정하는 중요한 자연현상 중에 하나라 할 수 있다. 앞의 예로 비추어 보면 빛을 전파하기 위한 매개물질(에테르)은 대기 등에 분명히 존재하고, 진공상태의 우주공간에도 빛을 전파하는 곳이라면 충만하게 차있다고 할 수 있다(현대물리에서 이미 식상한 이론일 수 있다). 에테르는 질량을 갖고 있는 별들과 은하계와 같은 성운, 성단 등의 주위에서 밀도가 높게 존재할 것이다.

이런 가정을 통해 마이클슨-몰리 실험을 생각할 때 에테르가 지구 대기 시스템 속에 존재하고 대기의 움직임과 약간 비슷하게 이동한다면 **식 (2)**를 이용해 계산했을 때 위상차는 $\Delta\lambda = 4.44 \times 10^{-16}$m가

된다. 여기서 L = 10m, 대기 시스템의 평균 바람 속도 V = 2m/s라 가정한다. $\Delta\lambda = c \times \Delta t$이다. 위상차 $\Delta\lambda$는 마이클슨-몰리가 예상했던 9.9×10^{-8}m보다 훨씬 작은 값이다. 물론 밀폐된 실험실 공간에서의 위상차를 생각하는 것은 더욱 힘들 것이다. 대기(바람)의 이동이 없으므로 두 파장의 간섭효과는 관측이 불가능했을 것이다. 만약 위상차 $\Delta\lambda$가 $\lambda/10$가 되길 기대한다면 거리 L은 대략 1.33×10^{9}m 정도는 되어야 하는데, 지구상에서 그런 실험조건은 불가능하다. 그러므로 마이클슨-몰리 실험을 통해 에테르의 유무를 말한다는 것은 무의미하다.

참새의 즐거움

하늘 높이

아주 높은 곳엔

하늘을 지배하는 큰새가 살고 있지

흘러가는 구름을 감상하고

바람이 부는 데로 가슴을 맡길 뿐

다른 것엔 흥미 없어

가까이 보면

눈초리는 항상 번득이고

등줄기엔

보이지 않는 식은땀이 흠뻑

뭇 새들을 두려워하면서

아래 아주 아래엔

즐거움이 있어

구름이 흘러가고

하늘의 푸르름을 모른 척하는,

똘창에서 물 한 모금 먹고

찌꺼기 하늘을 날아다니는 것에 감사할 뿐

더는 참새의 영역이 아냐

언젠가 큰 호수에서

우아한 몸짓으로 물도 먹고 싶고

높은 곳에서 세상도 보고 싶지만

참새의 좁은 소견으론

생각 말아야 할 두려움이지

내일은 바람이 흐트러지게 불 것이고

동네 참새들과 잔치를 벌일 생각으로

하루를 마감해

왜 잔치를 매일 하는 진 몰라

찌꺼기 삶이란

모르는 것이 속 편하다는 것은 알지만

고전역학으로 바라본 별빛의 휘임각 

고전역학을 통한 별빛의 휘임각 계산은 에테르 존재를 인정하면서 접근한다. 여기서 에테르는 광파의 매질역할을 한다. 태양 중력장에 의해 일어나는 공간의 휘임은 에테르의 곡률을 계산하는 것으로 별빛의 휘임각이 계산된다. 여기서 방향 백터의 정의를 약간 무시한다. 계산의 접근을 위해 바다 표면의 곡률을 생각하면, 바다 표면의 곡률은 해파의 진행방향과 바다 표면의 접선방향으로 찾으면 알 수 있다. 파도라는 에너지 덩어리는 바닷물을 매개로 에너지가 전달되고, 실체인 질량도 바닷물이 갖고 있다. 해파의 진행방향을 구하기 위해 임의의 파도의 단위 부피에 질량을 설정하는 것과 마찬

가지로 양자화된 광파의 단위 부피에 에테르의 질량을 부여하므로
계산은 동일한 개념으로 진행된다.

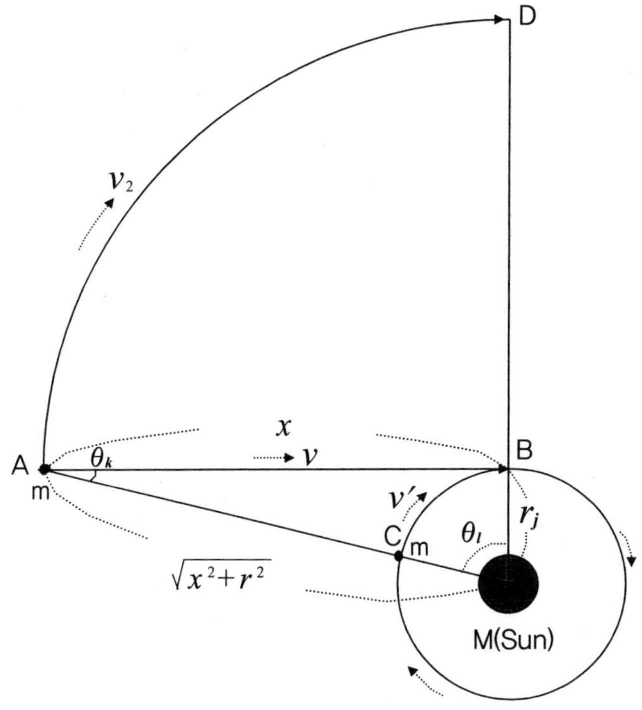

그림 4) 질량 M인 태양의 주위를 반지름 r의 궤도로 질량 m이 속력

v′로 공전하고 있고, 가상적 속력 v₂는 속력 v′와 동일한

각 속도로 이동하고 있다. 중력의 영향을 받으며 경로 A→
B를 이동하는 질량 m의 속도는 v이다. 궤도 A→D, A→
B, C→B를 이동할 때 소요된 시간은 t로 동일하다.

그림 4)는 태양의 주위를 질량 m을 가진 물체가 궤도 C→B 구간
을 공전하고 있고, 가상적인 궤도 A→D 구간을 질량 m과 동일한
각 속도로 이동하고 있다는 가정에서 출발한다(중력을 통한 공전은
아니다). 각각의 위치에 있는 물체가 궤도 A→D, A→B, C→B를
이동할 때 소요된 시간은 t로 동일하다면 그때 전달되는 중력의 합
도 중력이 미치는 거리한계 또는 장애되는 어떤 것이 있지 않는 한
동일할 것이다.

그림 4)에서 경로 A→B를 이동할 때 질량 m이 각각의 점에 작용
한 순간(dt) 중력 F는

$$F = G\frac{Mm}{x^2 + r^2} \tag{3}$$

여기서, j 백터 성분(B에서 태양 중심 방향)으로 미치는 중력은

$$F_j = G\frac{Mm}{x^2 + r^2}sin\theta_k \doteq G\frac{Mmr}{(x^2 + r^2)^{3/2}} \qquad (4)$$

x를 다음과 같이 바꿔보자.

$$x = \int_0^n vdt\,dn$$

$$= nvdt\ = nh^2 \qquad (5)$$

여기서, $h = (vdt)^{0.5}$로 놓을 수 있다. **식 (4), (5)**로부터

$$F_j = G\frac{Mmr}{h^6(n^2 + (r/h^2)^2)^{3/2}} \qquad (6)$$

경로 $A \rightarrow B$를 이동할 때 시간 t 에 j 백터 성분에 작용한 중력적분은

$$F_{jn} = \int F_j\ dn\ = G\frac{Mmn}{r\sqrt{x^2 + r^2}} \qquad (7)$$

위치에너지는

$$V_{ns}(r) = \int F_{jn}\ dr$$

$$= -\ GMm\frac{n}{x}ln\left|\frac{x + \sqrt{x^2 + r^2}}{r}\right| \qquad (8)$$

그림 4)에서 질량 m이 궤도 C→B를 이동할 때 태양 중심방향으로 시간 t 동안 작용한 힘의 합은 질량 m이 초기 진행방향에 대해 각 θ_ℓ이 변환되었다. 궤도 C→B를 이동할 때 각각의 dt′ 동안의 중력은

$$F' = G\frac{Mm}{r^2} \tag{9}$$

전체시간 t 동안 태양이 질량 m의 진행방향에 대해 수직으로 작용한 중력(힘의 크기)의 합은

$$F'_{n'} = \int F' dn' = G\frac{Mmn'}{r^2} \tag{10}$$

a는 궤도 C→B의 거리이다.

$$a = \int_0^{n'} v' dt' dn' = n' v' dt' \tag{11}$$

거리 r에 대한 위치에너지를 구할 것이다.

$$V'_{n's}(r) = G\frac{Mm}{r}\frac{a}{v'dt'} = G\frac{Mmn'}{r} \tag{12}$$

식 (8)과 **식 (12)**은 시간 t 동안의 각각의 위치에너지다. 중력방향

에 대해 수직으로 등속운동하는 경로 A→B와 궤도 C→B의 운동
에너지는

$$K = \frac{1}{2}mv^2 \tag{13}$$

$$K = \frac{1}{2}mv'^2 \tag{14}$$

각각의 경로와 궤도를 운동하는 운동에너지를 갖는 질량 m은 중
력을 통한 위치에너지의 작용으로 본래의 진행방향으로 부터 $d\theta/dt$
와 $d\theta'_\ell/dt'$만큼씩 태양 쪽으로 기울어진다. 이때 운동에너지의 이
동 방향과 위치에너지가 작용하는 방향에 대한 에너지 관계를 생각
하자. 두 방향은 서로 직각을 이루고 있으므로 중력에 의한 위치에너
지는 운동에너지의 진행방향을 바꾸는데 영향을 미친다면, 다음과
같이 표현할 수 있다.

$$\frac{위치에너지}{운동에너지} = \frac{d\theta}{dt} \tag{15}$$

운동에너지가 K′, K일 때 위치에너지가 V′(r), V(r)이라면 그 비는
식 (16)과 **식 (17)**과 같이 표현할 수 있다.

$$\frac{-\,V_{ns}(r)}{K} = \sum_{n=0}^{n} \frac{V_n(r)}{K}$$

$$= \frac{2n\,GM\ln\left|\dfrac{x + \sqrt{x^2 + r^2}}{r}\right|}{v^2 x} = \theta \tag{16}$$

$$\frac{-\,V_{n's}'(r)}{K'} = \sum_{n'=0}^{n'} \frac{V_{n'}'(r)}{K'} = \frac{2n'\,GM}{rv'^2} = \theta_l \tag{17}$$

θ와 θ_ℓ은 각각 경로 A→B와 궤도 C→B를 이동할 때 위치에 너지에 의한 휘임각이다. **식 (16), (17)**으로부터 휘임각 θ를 구할 수 있다.

$$\theta = \theta_l \times \frac{nrv'^2\ln\left|\dfrac{x + \sqrt{x^2 + r^2}}{r}\right|}{n'xv^2} \tag{18}$$

식 (5), (11)에서 거리 x와 a의 크기가 n과 n′에 따라 좌우된다면 **식 (18)**은,

$$\theta = \theta_l \times \frac{rv'^2\ln\left|\dfrac{x + \sqrt{x^2 + r^2}}{r}\right|}{av^2} \tag{19}$$

식 (19)의 각각의 상수를 구하기 위해서 **그림 4)**의 근지점거리 r
은 2R ~ 10R 사이 거리 중 임의적으로 선택해서 어떤 값을 대입해
도 무리는 없지만 휘임각 1.73″와 비슷한 값을 얻기 위해선 근지점
거리 r = 2.80×10^9m일 때 적당한 휘임각이 계산됨을 알 수 있다.
근지점거리 r (2.80×10^9m)의 궤도를 공전하는 공전속도 v′는 2.18
$\times 10^5$m/s이다. 경로 A → B의 거리 x를 구하기 위해 경로 A → B와
궤도 C → B를 이동할 때의 시간이 동일함을 이용하고, 궤도 C → B
와 같은 각 속도를 갖은 가상궤도 C → D를 적절하게 불러들이면
거리 x를 구할 수 있다. 물론 경로 A → B의 이동속도 v는 광속 c이
고 $v < v_2$이다.

$$v't = r\theta_l \tag{20}$$

$$v_2 t = \sqrt{x^2 + r^2}\,\theta_l \tag{21}$$

식 (20), (21)로부터

$$x = r\sqrt{(\frac{v_2}{v'})^2 - 1} = vt \tag{22}$$

식 (22)에서 상수 v', r은 알고 있으므로 v_2와 t를 적절히 대입하면 x의 크기를 구할 수 있는데, 속력 v_2는 $4.071 \times 10^8 \text{m/s}$일 때 광속으로 이동하는 거리 x와 v_1으로 이동하는 거리 a에 동일시간이 계산된다. 이때 $x = 6.054 \times 10^{12} \text{m}$이다. x를 통해 θ_k와 θ_ℓ을 구할 수 있다.

$$\theta_k = \tan^{-1}\left(\frac{r}{x_n}\right) \approx 0.02649953^\circ \tag{23}$$

$\theta_k = 99.97350047^\circ$이고, $t = 20193.4$초이다. 이는 속도 v, v', v_2로 각각의 거리를 운동할 때 이동시간 t는 동일하다는 것을 의미하고, 거리 x의 적당함은 **식 (22)**의 v가 광속이라는 것으로 증명된다.

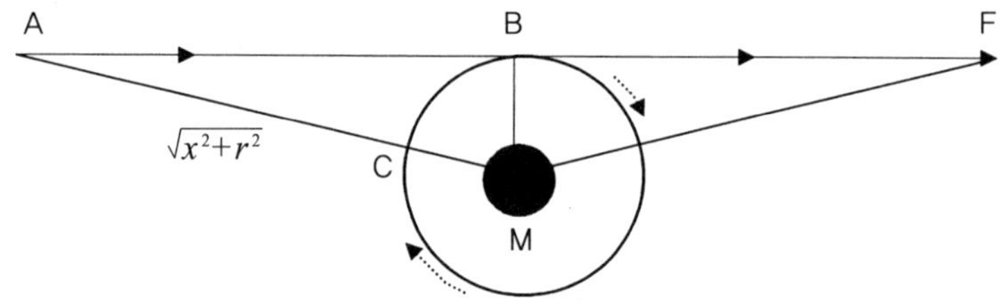

그림 5) 점 A에서 출발한 질량 m이 근지점 B를 경유하여 경로 A →B→F를 이동하고 있다.

식 (23)으로부터 경로 A→B를 이동할 때 처음 방향에 대해 휘임

각 θ는

$$\theta \approx 2.5268 \times 10^{-4\circ} \tag{24}$$

식 (24)에서 θ는 경로 $A \rightarrow B$의 휘임각이고 동일한 조건으로 경로 $B \rightarrow F$를 생각하면 지구에서 관측되는 최종 휘임각이 계산된다. $1^\circ = 3600''$이므로. **[그림 5) 참조]**

$$\theta_{Sun} = 2 \times \theta \approx 1.82'' \text{ (Second)} \tag{25}$$

위의 결과는 **표 1)**의 관측치들과 거의 일치하는 값이다. 또한 위의 계산방법을 통해 근지점거리 $2R(1.4 \times 10^9 m) \sim 10R(7.0 \times 10^9 m)$에서의 휘임각은 $0.84'' \sim 3.48''$임을 알 수 있다.

달과 목성 주위를 통과하는
별빛의 휘임각 계산

앞의 계산방법의 타당함을 검증하기 위해

첫 번째 예로, 달 주위를 통과하는 별빛의 휘임각을 생각해 보면, 달의 질량과 반지름은 각각 $M = 7.38 \times 10^{22}$kg, $R = 1.74 \times 10^{6}$m이다. 근지점거리 $R \sim 10R$에서 계산된 휘임각 θ_{Moon}는 대략 $1.80 \times 10^{-5}{''} \sim 1.68 \times 10^{-4}{''}$이다.

두 번째 예로, 목성 주위를 지나오는 별빛의 휘임각을 계산해 보면, 목성의 질량과 별빛의 반지름은 각각 $M = 1.90 \times 10^{27}$kg, $R =$

7.15×10^7m이다. 근지점거리 R $\sim$ 10R에서 계산된 휘임각 $\theta_{Jupiter}$는 대략 0.082" $\sim$ 0.0090"이다.

이는 이미 관측자들이 관측한 수치와 거의 일치하는 값들이다.

불쌍한 정의

정의의 가르침은

누가 했습니까

불타는 눈빛 속에

정의는

주절임이 아니었습니다

속세에 찌든

탕자에게도

입속에 녹아있는

정의를

방패로 앞세운

가냘픈 정신 속에도

유용한 것이었습니다

세상 이들은
정의에 눈가림 당한
딱한 모습을
눈치 못채요

그리고 말합니다
우리의 삶은
정의로웠노라

정의를 포섭하고도
후에 정의에
질질 끌려 다니는

지금도 정의는
하늘에 떠 있는

별입니다

따온 사람이

임자죠.

그래서?

왜 뉴턴은 만유인력을 두 물체 사이의 거리로만 생각했을까? 두 물체 사이에 작용하는 힘(인력)의 계산식은

$$F = G\frac{Mm}{r^2} \tag{26}$$

이다.

만유인력은 한 물체 M을 중심으로 또 하나의 물체 m이 일정한 거리 r에서 등속원운동할 때 설명하는 두 물체간의 인력에 관한 법칙이다. 하지만 공전하는 모든 물체는 타원형의 궤도를 그린다.

광민은 문뜩 이상한 생각을 했다.

"r을 L(2$\pi\gamma$)로 변경하면 어떨까?"

그렇게 되면 중력상수 G 또한 바뀌어야 할 것이다.

"캐플러법칙은 어떻게 손질하지?"

캐플러의 제1법칙

각 행성의 궤도는 타원형이며, 그 초점의 하나에 태양이 위치하고 있다.

캐플러의 제2법칙

각 시간동안에 행성과 태양을 연결하는 선분은 같은 넓이를 그린다.

캐플러의 제3법칙

임의의 2개의 행성에 있어서 태양 주위를 회전하는 시간의 제곱은 그들의 태양으로부터의 평균거리의 세 제곱에 비례한다.

광민은 이상한 생각을 한 그날부터 캐플러가 별의 운동을 관측한 티코 블라헤로부터 태양계 행성들의 운동에 관해 태양과 행성간의 거리와 주기에 관한 수치를 받았을 때와 비슷한 기쁨이었을 것이다. 광민은 엉뚱한 계산에 빠져 들어갔다. 그 작업은 안 해본 사람은 모를 것이다. 컴퓨터 프로그램(언어)을 알았다면 그리 어렵지 않을 계산이었을 텐데…. 매일 수치를 끼어 넣고 빼고의 반복 또 반복이었다. 그래서 **식 (26)**은 변형되어 다음의 식이 되어 나온다.

$$F = G' \frac{Mm}{L^2} \qquad (27)$$

여기서 L은 행성의 공전거리이고 G′는 공전거리와 주기에 따라 변화하는 중력상수이다.

광민은 무서웠다. 이를 어찌한단 말인가? 물리학을 배운다는 어줍지 않은 새내기가 설익은 생각으로 추종해야 할 법칙을 맘대로 손질했으니 말이다. 발명가가 어떤 못된 물건을 만들어놓고 그 물건을 어디에도 내놓을 수 없는 심정과 비슷한 것이다. 내놓았다간 사람들의 질타와 빈정거림이 쏟아질 것이고, 그것을 감당하기에는 나약한 자신이 두려운 것이다.

'그래 검증을 받자. 교수님도 이런 경험을 했을지도 몰라.'

광민은 여름방학 내내 200자 원고지에 논문과 비슷한 것을 만드

느라 밤잠을 설칠 때가 많았다. 매일매일 어떤 결론이 나면 그 원고
는 한곳에 숨겨두었다. 그건 떨림이었기 때문이었다.

그렇게 방학은 흘러가고 가을학기가 시작되었다. 광민은 원고를
들고 역학을 강의하는 지도교수를 찾아가 한번 읽어달라고 정중히 부
탁했다. 쿵쾅거리는 가슴을 다잡으면서 교수실을 빠져나왔지만 어떻
게 들어가고 나왔는지 생각이 나지 않았다. 그간의 노고를 인정받는다
는 기분과 뭉게구름 같이 피어오르는 미래가 다가오는 것 같아 그는
기뻤다. 그리고 그게 다였다. 2주 후에 다시 찾아간 교수실에서는

"광민이라고 했나. 자네! 그러면 자네 말대로라면 한 물체(들고
말하는 것은 재떨이다)가 있고 다른 작은 물체가 한 물체 주위를
스쳐지나간다면 어떤 우주공간에서도 공전운동을 할 수 있다는 말
인가?"

"네! 속도와 질량이 공전조건에 맞는다고 하면요."

"말도 안돼. 자네 1학년인가?"

"네!"

"대학원생한테 물어보고 더 배우고 오게…. 이 수식들은 뭐가 그
리 복잡하게 만들었어. 무슨 말을 하는 건지도 모르겠고…. 다 읽어

보지 못했네. 가져가게."

"저…. 알겠습니다. 감사합니다."

광민은 바지주머니 속을 찾아보았다. 꼭 400원이 잡혔다. 그는 학교 매점에 가서 은하수 담배 330원짜리 한 곽을 샀다. 좀 덥지만 날은 가을로 접어들고 있었다. 캠퍼스에는 꽃들이 하늘거리고 있었고 지나가는 여학생들은 예뻤다. 원형벤치에 앉아 재수할 때도 뿌리쳤던 담배를 한대 물어보았다. 좀 이상했다. 주위 사람이 보는 것 같았다. 그 당시(1987년) 대학은 고등학교의 해방감과 맞물려 이상한 문화 속에 젖어 있었다. 대학에 들어가면 지성인이라도 된 것 마냥 입으로만 나불거리고 다녔다. 전투에서 이긴 승전 전유물을 나눠먹는 것처럼 그냥 책임과 의무 없는 자유와 나태였다. 대학 내 담배는 그리 이상한 것이 아니어서 눈치 볼 필요가 없었니. 메이세기 치운 물어보는 입담배였다. 2대를 더 피웠고, 담배연기 속에 젊은 날의 열정도 함께 사라졌다. 처음 피워본 담배는 독했다. 광민은 계단 난간을 잡고 간신히 다음 수업시간 강의실에 들어갔다. 그리고 그냥 잤다. 교수는 뭔가 스스로 알고 있다고 위안하면서 학생들한테 데모하는 것은 같은데… 교수로 잘 보이질 않았다.

기다림

오늘도

해는 뒤 안보고

넘어갑니다

밝았던 하루도

사람과의 허우적거림 속에

여느 때처럼

뿌옇게 흩뿌리고

뒤 안 보았죠

그래도

항상 반겨주는 것은

직행버스

눌린 가슴 추스르고 있을 때면

언제나 작은 공간

아늑합니다
침울함을 힘껏 박차나가죠

지금을 싫어하지만
작은 공간과 인스턴트에
익숙한지 오랩니다
그리고
기다림을 생각해요
슬프지만 행복합니다

괜찮은 시간들만 엮어서
대상에게 기다림을 만들어놓죠
하지만 더 성숙해도
내게 기다림은
과분한 상상인가 봐요

이것마저 없다면

슬프기만 할 겁니다.

미안, 알버트 

물리학을 한다면 누구나 아인슈타인을 꿈꾼다. 그는 독일에서 태어난 유태인이다. 그는 스위스에서도 살았고, 말년에는 미국에서 살았다. 스위스에서 살 때 특수상대성이론을 발표했다. 그때 나이 25세이다. 물리학자들이 중요이론들을 제출할 때 나이는 거의 서는 살을 넘기지 않았다. 물리학자를 꿈꾸는 사람들은 그 시계에 알람을 맞추고 시간을 쓴다. 하지만 이내 아인슈타인이론처럼 시간을 늘리면서 자기 합리화시킨다. 물리학은 고물상에서 쓸만한 물건을 찾아 근사한 내 것으로 만드는 것 같이 이것저것 널려있는 수식들을 끄집어내어 쓸모 있게 만들어가는 수고스런 작업이다.

물리학을 배운 사람이라면 전공이 아닌 사람들이 이상하게 생각할 수 있는 특수상대성이론을 그들에게 말하고 싶어 한다. 전공자라 해도 이론적 근간은 미천하다. 시간과 공간의 수축, 팽창…. 그것이 가능한 것일까? 이미 그 이론은 뮤온입자의 소멸과 같은 실험들로 검증되었다고 한다. 현대 물리학자도 이 이론을 뒷받침하기 위한 실험에 시간과 비용을 엄청 투자하고 있다. 하지만 왠지 석연찮다.

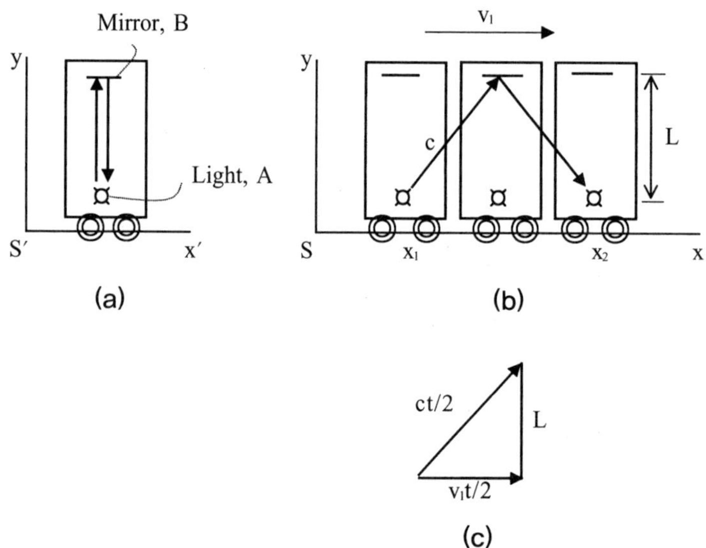

그림 6) (a) 정지한 S' 계의 기차 속에서 광원(Light)이 A 지점에서

출발하여 거울(Mirror) B 지점으로 갔다 다시 A 지점으로
도달하는 왕복운동을 한다.

(b) 속도 v_1으로 이동하는 S계의 기차 속에서 광원(Light)이 A
지점에서 출발하여 거울(Mirror) B 지점으로 갔다 다시 A 지
점으로 도달할 때 S′계에서 보았을 때의 빛의 운동경로이다.

(c) S계에서 시간 t 동안 이동하는 형태를 거리계산을 위해
그림으로 나타냈다.

정지한 S′계의 기차 속에서 광원(Light)의 왕복운동과 이동하는
기차 속 S계에서의 광원의 왕복운동 경로의 비교를 통해 아인슈타인
의 이론에 접근해 보자.

그림 6) (c)를 통해 시간의 팽창을 아인슈타인이 계산한 식으로 표
시하면 다음과 같다.

$$\left(\frac{ct}{2}\right)^2 = L^2 + \left(\frac{v_1 t}{2}\right)^2 \tag{28}$$

식 (28)은 다시

$$t = \frac{2L}{c} \frac{1}{\sqrt{1 - v_1^2/c^2}} \tag{29}$$

위의 식에서 기차의 이동속도 v_1이 광속 c에 가까워지면 시간 t는 비례하여 팽창한다. 아인슈타인은 빛을 절대시했다.

아인슈타인의 가정은 **'모든 관찰자는 광원과 관찰자의 상대적 운동의 독립적인 광속에 대해 동일한 값을 얻는다'** 이다. 관찰자가 움직이건 움직이지 않건 언제나 광속은 똑같다는 것이다. 절대성을 부정하고 상대적 관점에서 바라보는 상대성이론은 아이러니하게도 열린 사고를 추구하고 미스터리한 우주를 연구하는 인간에게 광속은 절대적이라는 한계성을 부여하여 우리를 속박하고 있다. 광속이 아닌 일상적인 예를 들어본다.

그림 7) (a) 정지한 S′ 계의 기차 속에서 공(Ball)이 A 지점에서 출발하여 판(Plate) B 지점으로 갔다 다시 A 지점으로 도달하는 왕복운동을 한다.

(b) 속도 v_1으로 이동하는 S계의 기차 속에서 공이 A 지점에서 출발하여 판 B 지점으로 갔다 다시 A 지점으로 도달할

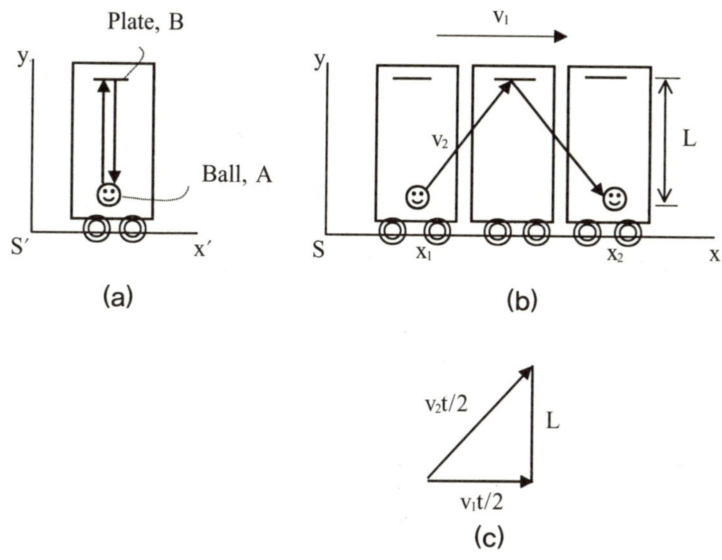

때 S' 계에서 보았을 때의 공의 운동경로이다.

(c) S계에서 시간 t 동안 이동하는 형태를 거리계산을 위해 그림으로 나타냈다

우리가 일상에서 접할 수 있는 정지한 S'계의 기차 속에서 공 (Ball)의 위로 던졌을 때의 왕복운동과 이동하는 기차 속 S계에서의 공의 왕복운동 경로의 비교를 통해 아인슈타인의 이론을 다른 각도

로 접근해 보자.

그림 6)이 빛을 통한 시간의 팽창이라면 **그림 7)**은 일반 사물을 통한 시간의 팽창을 말한다. 빛이 시간과 공간을 이어주는 절대적 존재임을 증명하는 어떤 실체가 없이 가정으로 진행된 이론이라면 **그림 7)**의 설명도 가능하다.

공을 통한 시간의 팽창은 다음과 같은 식으로 표시할 수 있다.

$$(\frac{v_2 t}{2})^2 = L^2 + (\frac{v_1 t}{2})^2 \tag{30}$$

식 (30)은 다시

$$t = \frac{2L}{v_2} \frac{1}{\sqrt{1 - v_1^2 / v_2^2}} \tag{31}$$

위의 계산식에서 v_1이 v_2에 가까워질수록 시간 t는 팽창한다. 자칫 v_1이 더 커지면 시간은 팽창을 넘어 마이너스로 흐른다. 과연 가능할까? 시간의 팽창은 빛을 절대적인 존재로 부여했기에 가능한 이론이다. 그렇다면 정말 그 가정이 절대적일까? 다음 **그림 8)**의 예로 알아보자.

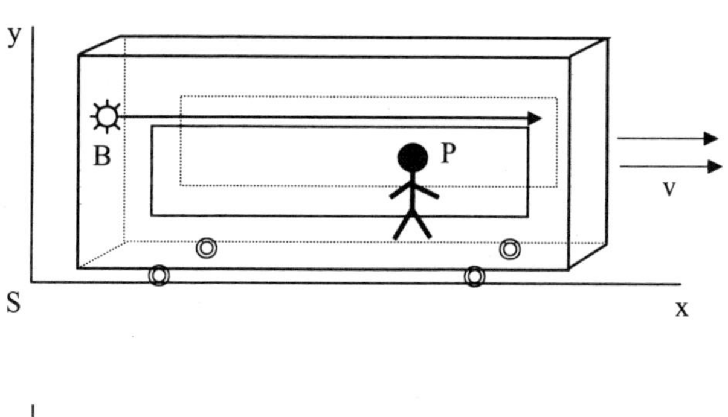

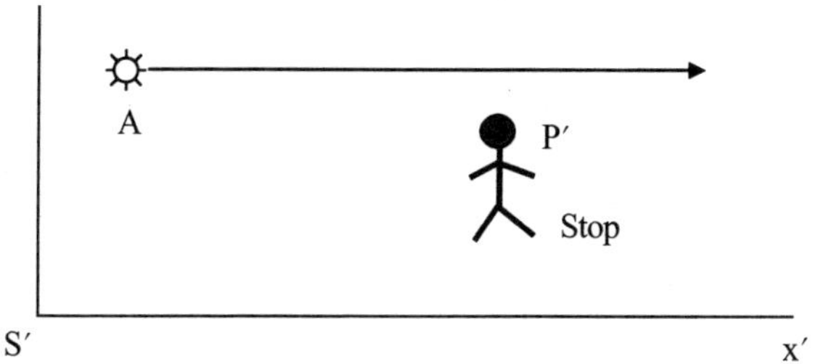

그림 8) S′ 계에 있는 광원 A에서 빛이 광속 c로 이동하고 있다. S계의 기차 속에서도 광원 B가 광원 A와 동일한 방향으로 광속 c로 이동하고 있다. 기차도 또한 빛과 같은 방향으로 속도 v로 이동하고 있다. 기차 안에 있는 관찰자 P가 광원 A와 B의 빛을 관찰하고 있다. S′ 계의 정지한 관찰자 P′도 광원 A와 B의 빛을 관찰하고 있다.

이동하는 기차에서 방사된 광원과 정지한 곳에서 방사된 광원을 기차 안에 있는 S계의 관찰자와 정지해 있는 S′계의 관찰자의 비교를 통해 빛의 속도는 항상 일정하다는 아인슈타인의 가정을 생각해 보자.

그림 8)에서 S계의 기차 안에 있는 관찰자 P는 광원 B의 광속을 c로 측정할 것이다. 그리고 정지한 S′계의 관찰자 P′도 광원 A의 광속을 c로 측정할 것이다. 하지만 관찰자 P′가 아인슈타인의 가정처럼 S계의 광속을 c로 관찰하게 될까? S계의 기차 이동속도 v가 0.1c, 0.5c, 0.9c, 0.99c라면 관찰자 P′는 광원 B의 광속을 c로만 볼 것인가? 아인슈타인의 가정처럼 된다면 기차가 0.99c의 속도에서 관찰자 P′는 광원 B의 광속을 0.01c로 관찰하게 될 것이다. 관찰할 수단이 없을 뿐이지 분명 광원 B의 광속은 1.99c로 이동하고 있다. 관찰자 P′가 광속 c 이상의 측정수단을 갖고 있다면 광원 B의 속도를 객관적으로 측정할 수 있을 것이다.

우리 인간과 생물들이 살고 있는 지구상의 대기(공기)에는 질소,

산소, 탄소 등등 많은 원소들이 섞여있고, 우리는 그 공기로 숨을 쉬면서 아웅다웅 살아가고 있다. 물고기가 살아가고 있는 물속에는 염분이 섞인 바닷물과 민물이 있고, 물고기는 그 물로 호흡을 하면서 살아가고 있다. 또한 생물이 살 수 없는 공간(우리가 아직 알기로는)인 우주는 우리가 숨을 쉴 수도 없고 만질 수도 없는 실체이다. 그래서 우주는 대부분 텅 비어있다. 하지만 우주의 행성과 각각의 별에는 그들만의 에너지와 특성이 전달되는데, 그 매개체는 빛, 전자기파 등등의 파동에너지들과 뮤온, 파이온 등등의 우주 입자들이다. 그 우주 입자들은 어떤 경로로 이동하고 우리(각각의 별)에게 전달될까? 공기 중에 살고 있는 우리는 상대와 대화할 때 여러 가지가 신호가 있겠으나 대부분 음파라는 에너지를 이용하여 상대방에게 우리의 뜻을 전달한다. 음파의 속도는 약 334m/s이다. 우리가 일상을 다닐 때나 단순한 기기를 이용한 이동수단으로는 음속을 뛰어넘지 못한다. 우리는 음속에 순응하면서 수만 년 이상을 살았고 음속을 뛰어넘는다는 것이 무엇인지 자체에 대한 궁금증 자체가 없었다. 지금 인간은 음속을 뛰어넘는 초음속 비행기를 갖게 되었고 또한 가까운 우주를 여행할 수 있는 초기단계의 우주선도 보유하고 있다. 우리는 빛이라는 존재가 없던가, 아니면 아예 몰랐다면 아인슈타인이 절대시한 광속을 생각지도 않았고 음파를 절대시하면서 살 수도 있었다. 마치 물고기가 물속에서 에너지를 전달하기 위한 전달파가 절대속도로 생각할 수 있는 것처럼 말이다. 우리는 우주를 이동하는 광파, 전자기파 등의 에너지 매개체가 에테르 또는 다른 어떤 매개체이던 간에 중요하지 않다. 그건 앞서 설명한 매개체인 물이나 공기와 같은 존재이기 때문이다. 우리가 보고 느끼고 에너지를 통해 알 수 있는 최고 속도의 매개체는 광속이므로 광속을 아무리 뛰어넘으려 해도 우리는 상상할 수 없다. 물속의 물고기처럼 말이다. 물고기의 측정 자체는 물속의 에너지 전달속도를 뛰어넘을 수 있는 것이 없기에 말이다. 이제 한 가지 예를 들어보고 이 책을 마무리 할까 한다.

그림 9) (a) 물체 M이 속도 500km/h로 1시간 이동한 거리는 500km이다. 물체 M에서 100km 거리에 있는 관찰자 P가 물체 M의 위치를 측정할 수 있는 매개 신호의 속도는 100km/h이다. 관찰자 P는 물체 M을 확인한(1시간이 지나

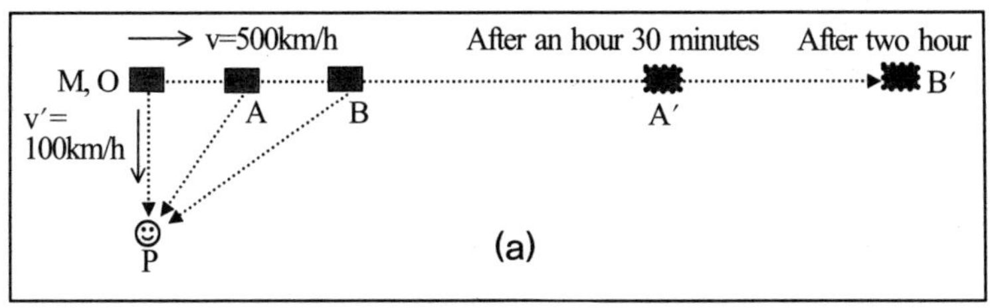

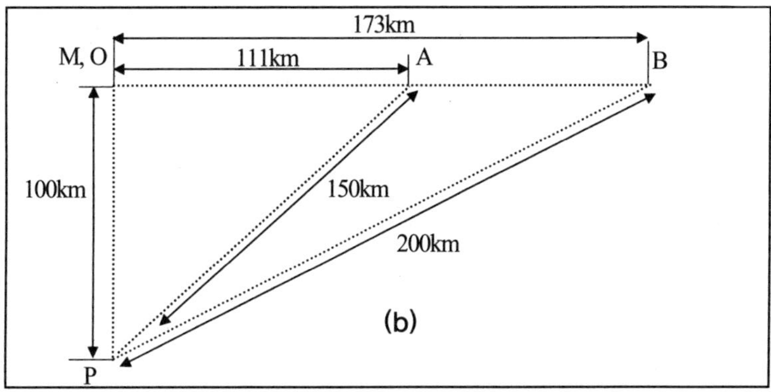

고) 후 30분(A점)과 1시간(B점) 지나서 물체 M의 위치를 확

인한다. 실제 이동 지점은 A′점(750km)과 B′점(1,000km)

이다.

(b) 관찰자 P는 물체 M이 1시간 30분이 경과됐을 때 위치

는 111km에 있다고 생각하고, 2시간 후에는 173km 지점에

있다고 매개 신호(100km/h)를 통해서 확인한다. 물체의 속

도(500km/h)가 측정수단(100km/h)보다 5배나 빠른데도
A지점, B지점까지 이동한 물체 M의 관찰속도는 0.74×
100km/h, 0.865×100km/h밖에 되질 않는다.

그림 9) (a), (b)는 물체 M과 그 물체 M을 확인하기 위한 측정 수
단의 매개신호가 물체 M의 0 위치에서 직각방향으로 동시에 출발한
다고 생각하면, 물체 M이 500km/h의 속도로 이동할 때 관찰자 P가
물체 M의 위치를 확인하기 위한 매개신호의 속도는 100km/h 이고
그 이상의 속도는 없다고 가정하자. 관찰자는 물체 M으로부터 거리
100km 지점에 있으므로 관찰자가 물체를 확인하는 순간 1시간 동안
이동한 물체의 현재 위치를 생각한다면, 관찰자가 1시간 전의 물체
의 위치를 확인하는 것이다. 관찰자가 물체를 1시간 30분 후의 위치
를 확인할 때 물체는 A′ 위치에 있고, 2시간 후에 물체의 위치는 B′
위치에 있다. 물체가 속도 500km/h로 이동하므로 관찰자가 물체를
A 위치와 B 위치에 있는 것으로 확인할 때 실제 물체의 위치는 1시
간 30분 후 지점인 A′(750km) 위치와 2시간 후 지점인 B′
(1,000km) 위치를 통과할 것이다.

그림 9) (b)를 보면 1시간 30분 후에 관찰자가 확인할 수 있는 매개 신호는 150km밖에 이동하지 못하므로 관찰자가 확인할 수 있는 물체의 이동거리는 111km로 착각하게 된다. 또한 2시간 후의 물체 M의 이동거리는 173km이다. 1시간 30분 후에 측정한 물체 M의 위치는 실제 A′ 지점이지만 관찰자는 A 지점에 있는 것으로 측정되고, 2시간 후에 측정한 물체 M의 위치는 실제 B′ 지점이지만 관찰자는 B 지점에 있는 것으로 측정된다.

그림 9)를 통해 우리는 공간에서 측정 수단(100km/h)보다 빠른 물체(500km/h)의 이동이라 할지라도 측정수단의 속도(100km/h)에 가까워질 수는 있어도 물체의 이동속도는 측정수단의 속도보다 같거나 초월하지는 못한다는 것을 알 수 있다.

어떤 물체 또는 우주에 존재하는 모든 입자(물체)와 파동 등에 대한 속도를 측정하는 현존하는 우리의 수단은 광속 300,000km/s(인간이 알고 있는)이다. 광속보다 더 빠른 입자 또는 파동이 있다고 해도 광속을 매개 신호의 수단으로 이용하는 우리 인간(관찰자)은 광속보다 빠른 그 무엇도 만날 수 없다. 이는 특수상대성이론에서 말한 빛의 속도에는 가까워질 수는 있어도 빛보다 빠를 수 없다는 아인슈타인의 모순이다. 왜 절대성을 부여했을까? 그 가정은 우리의 상상과 과학을 자유롭게 만들지 못했다.

앞에서 설명한 것들을 통해 빛의 절대성의 해체가 가능하다면 다음과 같은 3가지 결론의 가정을 할 수 있다.

- 우리 우주에는 광속보다 더 빠른 입자(물체) 또는 파동이 존재할 수 있다.

- 공간과 시간의 팽창, 축소는 장(Field) 또는 에너지를 통한 공간의 왜곡된 현상으로만 해석된다.

- 연속적인 시간과 팽창 우주 속에 존재하는 우리(한 물체)의 과거와 미래로의 시간여행은 불가하다.

"시간여행을 꿈꾸는 분들께 죄송합니다."

내가 왜 이런 작업을 하게 되었는지 모릅니다. 하지만 책이 나오기까지 다음과 같은 불확실한 진행이 있었음을 말씀드립니다.

처음 나에게 주어진 이 작업의 시작은 책 내용에서도 밝혔지만 1987년입니다. 뉴턴의 아름다운 이론을 조금 선느러 보았죠. 물론 지금 생각해 보아도 끔쩍 않는 바위에 계란을 던진 꼴이었습니다.

그 후 군에 갔다 오고 등등 시간이 흘러서야 1992년 고향집 인근에 위치한 대학도서관에서 처음으로 일반상대성이론으로 계산한 별빛의 휘임각 계산이 정확하지 않다는 내용을 알게 되었습니다. 국가자격시험에 떨어지고 상심하고 있을 때였습니다. 뉴튼 역학의 단순

하고 반복적인 중력 계산은 재미없는 노동입니다.

중력장 계산을 포장하여 처음으로 중력장에 관한 이론을 제출한 곳은 문예진흥원으로 기억됩니다. 그때가 1993년쯤 일거예요. 아인슈타인 이론의 반박을 위한 정립되지 않은 초기 원고를 갖고 외부에 노크했던 제출이었죠. 중력장을 통한 별빛의 휘임각 계산인 컷으로 알고 있습니다. 대학생 과학논문발표를 통해 상을 주는 경진대회였던 것으로 기억됩니다. 그냥 없었던 일로 했던 것 같아요.

이론을 진화시키기 위해 대학원에 진학했습니다. 시간을 벌어 중력장의 끝을 볼 작정이었죠. 대학원 논문은 중력장과 동떨어진 X-ray 디지털 해상도 증폭 쪽이었습니다. 그 논문 덕분에 의료기기 쪽에서 일하게 되었습니다. 학점은 저에게는 너무나 어려운 상대였습니다.

시기는 다르지만 1995년쯤 미국의 물리학 저널 〈피지컬 리뷰(Physical Review)〉, 영국의 과학 잡지 〈네이쳐(Nature)〉 등에 보내보았지만, 다음번에 보내달라고 정중히 거절하는 편지가 왔지요. 답장에 솔직히 감사했고, 이론은 제쳐두더라도 영어가 어눌했으니 당연한 거라 여겼습니다.

시간은 흐릅니다. 아쉽습니다. 그냥 사장되는 나만의 이론인가

하는 생각에….

물리학(과학)과 미래의 우리들을 위해 알려야 한다는 책임감을 갖습니다.

과학은 스스로를 두려워합니다.